LECTURA CRÍTICA

DE

ARTÍCULOS MÉDICOS DE INVESTIGACIÓN

PARA

GASTROENTERÓLOGOS

Título original: Lectura crítica de artículos médicos de investigación para gastroenterólogos

1ª edición: Junio 2007

© 2007 Fernando Manuel Jiménez Macías
© Ediciones Lulu.com

Printed in Spain
ISBN: 978-1-4303-2266-5

LECTURA CRÍTICA

DE

ARTÍCULOS MÉDICOS DE INVESTIGACIÓN

PARA

GASTROENTERÓLOGOS

Fernando M. Jiménez Macías

Médico adjunto de Aparato Digestivo
Hospital Juan Ramón Jiménez
(Huelva- España)

2007

3

AGRADECIMIENTOS:

A todos aquellos que me apoyaron y me animaron a llegar a ser lo que soy.

A mi mujer, que me dio el hijo tan bonito que tengo y llenarme de ilusión cada día.

A mis queridos padres, a los que estaré eternamente agradecido y les debo todo lo que hoy en día soy.

AUTOR DEL LIBRO

Dr. Fernando M. Jiménez Macías es actualmente médico adjunto de Aparato Digestivo en el Hospital Juan Ramón Jiménez de Huelva (España), donde realiza su labor asistencial desde Octubre del 2003.

Hizo la especialidad como médico interno residente de Aparato Digestivo en el Hospital Universitario Virgen del Rocío.

Finalizó la Licenciatura en Medicina y Cirugía en el año 1997 por la Universidad de Sevilla.

Es Master Universitario en ensayos clínicos por la Universidad de Sevilla en el 2007, Experto Universitario en Probabilidad estadística en Medicina.

Es Gestor de Calidad de los servicios sanitarios por la European Organization for Quality y actualmente pertenece a la primera generación de auditores de calidad del Servicio Andaluz de Salud.

Posee el Diploma de Estudio Avanzados por la Universidad de Sevilla y autor de numerosas comunicaciones y publicaciones científicas y ha participado como co-investigador en 2 ensayos clínicos multicéntricos de hepatitis C.

Autor del libro "Proyecto Onuba 2006: Actualización y puesta al día en Patología Digestiva", que se publicará a finales del 2007, así como del manual de endoscopia digestiva denominado "Técnicas diagnósticas y terapéuticas en patología digestiva", publicado en mayo del 2007.

ÍNDICE DE CONTENIDOS

CAPÍTULO 1

INTRODUCCIÓN A LA LÉCTURA
CRÍTICA
DE
ARTÍCULOS MÉDICOS

Fernando M. Jiménez Macías

Este trabajo basa sobre el análisis crítico que se ha realizado sobre 5 artículos médicos originales de distintas revistas médicas. Los 5 artículos que he analizado son los siguientes:

1. Martín Timón I, Secades, Botella Carretero J.I. El tabaquismo, la obesidad y la distribución de la grasa corporal se asocian de manera independiente con la resistencia a la insulina y con otros factores de riesgo cardiovascular. Rev Clin Esp. 2007; 207(3):107-111.

2. Marín-Iranzo R, de la Sierra-Iserte A, Roca-Cusachs A, Oliván-Martínez J, Redón-Mas J et al. Estudio doble ciego de la eficacia y la seguridad de la combinación a dosis fija de 10 mg de enalapril / 20 mg de nitrendipino en comparación con el incremento de dosis de amlodipino en pacientes con hipertensión esencial no controlada con 5 m de amlodipino. Rev Clin Esp. 2005; 205 (9): 418-424.

3. Rodríguez Caravaca G, García-Cruces Méndez J, Hobson S, Rodríguez Caravaca S, Villar del Campo M C, González Mosquera M. Validez del diagnóstico clínico de carcinoma basocelular en atención primaria. Aten Primaria 2001;28 (6):391-395.

4. Webster Ross G, Abbott R D, Petrovitch H, Morens D M, Grandinetti A, Tung K-H et al. Association of coffee and caffeine intake with the risk of Parkinson disease. JAMA 2000; 283: 2674-2679.

5. Vineis P, Airoldi L, Veglia F, Olgiati L et al. Environmental tobacco smoke and risk of respiratory cancer and chronic obstructive pulmonary disease in former smokers and never smokers in the EPIC prospective study. BMJ 2005; 330: 277-283.

Todos son artículos médicos originales y se ha seleccionado de revistas científicas bastantes conocidas por la mayoría de los facultativos de este país para su análisis crítico. Para proceder al mismo, se va a seguir una metodología estructurada que intentaremos respetar en todo momento, ajustándonos a la estructura del artículo y que a groso modo os describiré a continuación. Mi cometido se centrará en establecer si se siguieron los requisitos habituales de la sección correspondiente y si no lo hicieron o lo hicieron parcialmente, resaltar esos detalles.

La metodología que seguiré en el análisis crítico del artículo será evaluarlo de acuerdo al siguiente esquema:

1. Evaluación de la parte preliminar (título, autores y resumen).

2. Evaluación del cuerpo del artículo, que lo componen generalmente:

   ➢ Introducción, que corresponde a la parte conceptual.

   ➢ Materiales y métodos, correspondiente a la etapa de diseño o planificación del estudio.

   ➢ Resultados (etapa empírica)

   ➢ Discusión y conclusión (etapa interpretativa).

3. Evaluación de la parte final (agradecimientos, bibliografía, apéndices, etc.).

Cada una de estas partes a su vez se compone de distintos aspectos a valorar en el mismo, que de forma personalizada, tendrá que evaluarse. Deberemos valorar el artículo de forma general, abarcando aspectos como la claridad de exposición, el orden seguido, la novedad que aportan los resultados de este estudio, la validez interna y externa, la utilidad del mismo para la práctica clínica diaria.

La lectura crítica es una evaluación objetiva y crítica de las fortalezas y las debilidades de una investigación realizada una vez que sus resultados han sido publicados en una revista científica, comunicación o ponencia. En artículos originales, como es el caso de estos 5 que he seleccionado, será fundamental identificar los siguientes aspectos: definición clara de cúal es el problema médico, que presente una revisión bibliográfica actualizada para saber lo publicado antes sobre éste, que se definan las variables, la elaboración de las hipótesis, estableciendo unos objetivos claros a cumplir.

No podremos olvidarnos de describir la población estudiada y la muestra de ésta seleccionada, cómo se recolectaron los datos obtenidos, así como su procesamiento. Será fundamental cómo se hayan presentado los datos mediante el empleo de tablas y gráficos y no menos importante el análisis de los mismos, estableciéndose así la validez interna y externa. Finalizaremos viendo las conclusiones obtenidas si se ajustan a los objetivos iniciales y resaltando el alcance y limitaciones del estudio.

REFERENCIAS BIBLIOGRÁFICAS

1. Rodríguez Burgos R.. Metodología de investigación y escritura científica en clínica. 3ª ed. Granada: Escuela de Andaluza de Salud Pública; 2005.

2. Greenhalgh T. Cómo interpretar un artículo médico. Fundamentos de la medicina basada evidencia. 1ª ed. BMJ Publishing Group; 2000.

CAPÍTULO 2

ANÁLISIS CRÍTICO
DE UN ARTÍCULO ORGINAL
DE
CASOS Y CONTROLES

Fernando M. Jiménez Macías

ANÁLISIS CRÍTICO ARTÍCULO DE CASOS Y CONTROLES

PARTE PRELIMINAR:

TÍTULO:

> ➤ Demasiado largo: se recomienda que los títulos no superen las 15 palabras aproximadamente. Éste cuenta con 29 palabras.

> ➤ No termina de enganchar al lector. Probablemente tenga que leerlo varias veces para ver de que trata decidir si finalmente lee el resumen.

> ➤ Emplea términos estadísticos en el título, tales como "se asocian de manera independiente con..": no aconsejable pues el lector puede pensar que es complejo y si comienza con estadística, aspecto que no todos los clínicos dominan podría llevar a que no lo deseara leer o que crea que no lo entiende.

> ➤ Sí que constituye una explicación corta del proyecto.

AUTORES:

➢ Bien redactado, pues los apellidos se escriben sin iniciales.

➢ Incluye los departamentos, así como las instituciones implicadas.

➢ Facilita la dirección postal y e-mail del investigador principal, por si cualquier componente de la comunidad científica deseara contactar con él.

RESUMEN:

Es una parte generalmente complicada de elaborar por parte de los autores, ya que debe poner de manifiesto la capacidad sintetizadora del investigador, siguiendo una estructura muy definida, abarcando los distintos apartados de su trabajo. Dependiendo de cómo este esté realizado (su claridad, brevedad o concisión, metodología) va a depender de que el posible lector decida leer el artículo entero o no. Los aspectos a destacar son los siguientes:

➢ Destacar el hecho de que siendo un artículo en español, además aporta un resumen en inglés.

➢ Es conciso, no presentando más de 250 palabras, que es lo que se recomienda no superar.

➤ Está bien estructurado, presentando un primer párrafo, que trata de los objetivos e hipótesis del estudio, un segundo párrafo (pacientes y métodos), que abarca aspectos de diseño y metodología del estudio, un tercer párrafo, que incluye los resultados con los valores numéricos más reseñables y conclusiones. Quizás éstas últimas podrían haberse presentado separadas de los resultados en un 4° párrafo.

➤ Su lectura es fácil, clara y ordenada.

➤ Es autoexplicativo, es decir, el resumen se entiende separado del artículo original.

CUERPO DEL ARTÍCULO

INTRODUCCIÓN

Es la parte de un artículo médico, cuya finalidad es la de introducir al lector sobre un problema clínico, etiológico, fisiopatológico, diagnostico o de tratamiento, sobre el que versa el artículo, teniéndose que definir un determinado problema de investigación. Es muy importante que se redacte de forma cuidadosa, pues dependiendo de cómo esté realizada, se conseguirá que el lector se sienta interesado por la lectura o deje de leerlo.

Además de exponerse el problema de investigación, el autor del artículo deberá actualizar al lector con una búsqueda bibliográfica lo más actualizada posible, la cual se presentará de forma ordenada e integrada, para que se vaya situando cada vez más. Definirá las variables más relevantes del estudio, diferenciando entre la dependiente y la/s independientes. Y finalizará con la exposición del objetivo del estudio y la formulación de las hipótesis que intentará verificar o refutar con su estudio. A continuación, procederemos al realizar el análisis de esta sección:

> ➤ Valoración general: aceptable, ya que se expresa el por qué se encuentra justificado la realización de estudio: permite dar un mayor peso a la relación etiológica existente entre tabaco y enfermedad cardiovascular, como factor de riesgo de la enfermedad arteroesclerótica, diabetes mellitus, etc., relacionando a éste con la resistencia insulínica y otros factores. Por otra parte, es novedoso en cuanto al diseño metodológico del mismo respecto a estudios previos, pues intenta evitar el efecto en los resultados del mismo de variables de confusión como edad, género y grado de obesidad. La resistencia insulínica es un aspecto que no

solamente afecta a los diabéticos, sino que con este tipo de estudios ponemos de manifiesto el potencial efecto negativo que tiene el tabaco y la resistencia insulínica en el sistema cardiovascular de personas sanas.

➢ Su lectura engancha al lector interesado en aspectos etiológicos sobre el síndrome metabólico o patología cardiovascular.

➢ Revisión bibliográfica: es amplio el número de referencias bibliográficas en que se apoya el problema de investigación a estudiar, contabilizando en esta sección un total de 23. No está demasiado actualizada la revisión, pues de esas 23 fuentes bibliográficas, casi el 50%, es decir 11 de 23 fueron publicadas hace al menos 10 años respecto a la fecha de la publicación actual (Marzo del 2007). Sin embargo, la presentación que se realiza de ella sigue una clara cronología lógica. El factor de impacto de los artículos a los que se hace referencia en esta sección no es muy alto, por otra parte.

➢ Problema de investigación definido: aclarar aspectos etiológicos de la enfermedad cardiovascular. La resistencia insulínica, ¿de que factores de riesgo cardiovascular depende?

➢ Hipótesis alternativa primaria: el tabaco, así como otros factores (obesidad, distribución de la grasa corporal) se encuentran relacionados con la resistencia insulínica u otros factores de riesgo cardiovascular. El objetivo de nuestro estudio será el de confirmar o refutar esta hipótesis. Esta hipótesis se adecua a los objetivos del estudio

Hipótesis secundaria: la deshabituación tabáquica se ha relacionado con una reducción de la resistencia insulínica.

➢ Es susceptible de observación y medición. Permite su análisis empleando distintas variables cualitativas y cuantitativas. Las variables más importantes que se hace mención en la introducción son la resistencia insulínica como variable dependiente principal. Las variables independientes o predictoras más relevantes son el tabaquismo, la obesidad y la distribución de la grasa corporal. Como variables confusotas tenemos la edad, el género y el grado de obesidad.

MATERIALES Y MÉTODOS

Esta es la parte de un artículo original más vulnerable a la crítica, al ser ésta la sección, que con diferencia supone la mayor parte de las causas de rechazo de manuscritos de artículos originales por la revistas biomédicas. En esta parte se va a realizar una evaluación de la validez interna del artículo, que se centra sobre la metodología empleada en el estudio. ¿El estudio se realizó correctamente, sin errores? Ese es el aspecto que se recoge en este apartado.

La validez interna de un estudio de investigación podemos definirla como la adecuación metodológica de su diseño y desarrollo, lo que garantiza que sus resultados no se encuentren sesgados, permitiéndonos así una buena estimación de la eficacia real de la intervención del estudio. Esta hay que diferenciarla de la validez externa, que es la cualidad que tiene un estudio para que sus resultados puedan extrapolarse a la población a partir de la muestra poblacional de mi estudio.

Pasemos ahora al análisis crítico de esta sección, en la cual se deberá analizar la población y muestra del estudio, criterios de inclusión y exclusión si es que los hay, el diseño empleado con la configuración de los distintos grupos de estudio, instrumentos de medición empleados, cálculo del tamaño muestral, porcentajes de pérdidas durante el seguimiento, análisis estadístico ajustado al tipo de variables existentes en el estudio, consideraciones éticas, programa o paquete informático estadístico empleado para la obtención de los resultados, posibles sesgos o limitaciones del estudio si es que las hay.

> Población del estudio: área hospitalaria dependiente de los hospitales madrileños Clínica Nuestra Señora de América y Hospital Ramón y Cajal. Estudio bicéntrico.

> Muestra: pacientes de las consultas de Endocrinología de ambos hospitales, que acudían para consejo dietético o para conseguir una pérdida de peso. En el estudio se comenten varios tipos de sesgos a la hora de seleccionar la muestra: el sesgo de selección o de motivación por ejemplo, ya que sólo incluyeron a paciente que por su propia iniciativa acudían a la consulta de endocrinología para perder peso o pedir asesoramiento nutricional, dejando del lado pacientes de las plantas de hospitalización de endocrinología de ambos hospitales, dejando sin incluir pacientes que

teniendo probablemente la misma situación no acudían a la consulta por distintas razones (no tienen tiempo de acudir a una de estas consultas, desinterés por su peso, etc.). Otro sesgo que se pone de manifiesto es un sesgo de conveniencia o género, al incluir a los paciente en una proporción no equitativa entre hombres y mujeres (2:1), ya que al hacerlo así le es más fácil su reclutamiento, dejando probablemente el género masculino con un tamaño muestral, del que es difícil sacar conclusiones reales, tal como se pone de manifiesto en la tabla 2 en el subgrupo de normopeso, con sólo 2 pacientes.

➤ Duración del periodo de reclutamiento de pacientes: no se hace mención a este aspecto en el artículo. Desconocemos cuánto tiempo les llevó en conseguir reclutar todos los pacientes que inicialmente incluyeron en el estudio.

➤ Los criterios de inclusión y exclusión para la constitución de la muestra me parece bien, pues en todos esos casos se afectaría la resistencia insulínica.

➤ Diseño del estudio: estudio de casos y controles. Como sabemos un estudio de casos y controles consiste en que a partir de la situación actual (tener o no resistencia insulínica, como variable dependiente), se puede relacionar ésta retrospectivamente con las variables independientes tales como el hábito tabáquico (el haber sido fumador o no previamente), o el grado de obesidad (si se trata de un individuo normopeso, con sobrepeso u obeso). Se diferencia este estudio de los estudios experimentales en que el investigador no es el responsable de que el paciente fume o no, él se limita a registrar las observaciones halladas. Se establece así dos grupos comparativos de fumadores y no fumadores (tabla 1) para demostrar que no existen diferencias entre ellos. En teoría, la única diferencia que debía de existir entre ellos para que el estudio tenga validez interna es en número de cigarrillos al día, donde la diferencia es estadísticamente significativa ($p < 0,001$). P es la probabilidad de que el resultado obtenido se deba al azar, que es prácticamente inexistente, por lo que podemos prácticamente asegurar que esta diferencia es real y no se ha producido al azar, como era lógico pensar. Sin embargo, los grupos no son homogéneos, como reconocen los propios autores en la sección de resultados que después comentaremos, al haberse obtenido también una p estadísticamente significativa para la variable edad ($p < 0.037$), siendo la edad superior en el grupo de no fumadores. Esto puede tener graves consecuencias para la validez interna del estudio, al no ser representativa de la población nuestra muestra.

➢ Tamaño muestral: para su cálculo debemos contar los siguientes parámetros:

- Nivel de sensibilidad, es decir, establecer la diferencia media de resistencia insulínica que desea el investigador detectar: en nuestro caso fue una diferencia del HOMA de 0,5.

- Varianza, que es el cuadrado de la desviación típica o estándar: S^2 = (desviación típica o estándar)^2. En nuestro caso, la desviación típica es de 1, siendo por tanto, la varianza de 1 también.

- Protección frente a los errores alfa y beta. El error alfa es el que surge de afirmar que la hipótesis alternativa es cierta cuando en realidad es falsa. Es afirmar que existen diferencias cuando en la realidad no existen. Habitualmente, como es en nuestro caso, el error alfa es del 5%, es decir, error alfa = 0.05. El error beta se comente cuando se acepta la hipótesis nula cuando en realidad esta es falsa, es decir, afirmamos que no existen diferencias, cuando en realidad existían. La potencia, que en nuestro caso el investigador desea aplicar es de un 80%, es la diferencia 1- error beta. Es decir, según esto el error beta que el investigador está dispuesto a asumir es de 0.20 (20%). A cada uno de estos errores le corresponde un valor Z correspondiente al riesgo alfa o beta que el investigador desee asumir. En nuestro caso, el valor de la Z para un alfa =0.05 bilateral es 1,960, mientras que el valor Z para un error beta =0.20 es de 0,842. Por tanto, ya disponemos de todos los parámetros que debió el investigador contar para llegar a la conclusión de que precisaba de al menos 64 pacientes para cada grupo.

Se trata de la fórmula para el cálculo del tamaño muestral para este tipo de estudios y consiste en:

N= 2 * ((varianza/ (nivel de sensibilidad)^2 * (Z error alfa + Z error beta)^2

N= 2 * (1/ 0,5 *0,5) * (1,96 + 0,842)^2 = 62,8

Cuando queremos ajustar las muestras a las pérdidas, multiplicaremos el tamaño muestral original al cociente (1/1-R), donde R es la proporción esperada de pérdidas, que en nuestro caso fue de un 15%, es decir, 0,15.

Por tanto, sería:

N= 64 * (1/0,85) = 75

➢ Pérdidas del estudios: el porcentaje máximo de pérdidas fue inferior a un 20%, concretamente fue del 15%. Sin embargo, el hecho de que excluyéramos 9 pacientes, de los cuales 8 eran fumadores, más 15 abandonos, todos ellos fumadores, van a hacer resentir la muestra en especial en el grupo de fumadores, como se ve en la tabla 1, donde se pone de manifiesto que mientras que en la de no fumadores se contó con 74 pacientes, sin embargo, en la de fumadores contaron tan sólo con 52 pacientes, en lugar de 64 como mínimo. Es algo que reconocen los investigadores en la sección de discusión y que justifica probablemente que no se consiguieran diferencias estadísticamente significativas, como se había puesto de manifiesto en artículos relacionados previos, en el nivel de resistencia insulínica. Probablemente tratándose de un error beta causado por no disponer del tamaño muestral recomendado en un principio, algo que afecta indudablemente a la validez interna del artículo

➢ Consideraciones éticas: se cumplimentó el consentimiento informado en todos los pacientes incluidos en el estudio y se realizó siguiendo las directrices de la Declaración de Helsinki.

➢ Variables: la gran mayoría fueron cuantitativas: edad, índice de masa corporal, índice de cintura-cadera, cigarrillos al día, hasta incluso la resistencia insulínica. Los valores de estas variables se expresaron como media +- desviación estándar, cuando las variables se distribuían de acuerdo a la normalidad. Cada variable fue valorada si seguía una distribución normal mediante el empleo del test estadístico de Kolmogorov-Smirnov. Las variables que en principio no seguían una distribución normal se intentaban transformar para la obtención una nueva distribución que siguiera la regla de la normalidad empleándose transformaciones logarítmicas o raíz cuadrada. En aquellos casos que no se consiguieran se emplearían los test no paramétricos correspondientes.

➢ Programa estadístico: PASS2000 para análisis de la potencia estadística y cálculo del tamaño muestral. SPSS versión 10 para la realización de la estadística descriptiva y analítica correspondiente:

- Se empleó la tabla de contingencia o Chi-cuadrado para comparar variables cualitativas entre el grupo de fumadores y no fumadores.

- La t de student se empleó para comparar una variable cualitativa con una cuantitativa si la distribución era paramétrica o normal. Si no lo era se empleaba la U de Mann-Whitney.

- Cuando se comparó una variable cuantitativa con una cualitativa policotómica, como era el grado de obesidad (normopeso, sobrepeso u obesidad) se empleó el ANOVA o análisis de la varianza si seguía una distribución normal o paramétrica. Si no lo era se empleó el test no paramétrico de Kruskal-Wallis.

- Para establecer la relación multivariante se empleo la regresión lineal multivariante, tras la realización del análisis univariante. En este aspecto entraremos en más detalle cuando tratemos la sección de resultados y conclusiones.

➤ Métodos de obtención de datos: se identifican las variables del estudio, que para la obtención de su medida en cada paciente, se tuvieron que emplear instrumentos de medida. Estos son el esfigmomanómetro de mercurio para la tensión arterial y las concentraciones séricas de insulina, estableciéndose el coeficiente de variación intra e inter-ensayo correspondiente como prueba de su confiabilidad. En otros casos, se especifica la fórmula empleada para su cálculo como es para la concentración sérica de la lipoproteína de baja densidad (LDL) y la resistencia insulínica. Otras veces emplearon tablas clasificatorias como es la empleada para el índice de masa corporal.

En general, podemos decir que se identifican y describen con nitidez los instrumentos para la obtención de los datos. Son los métodos más adecuados para su medición.

RESULTADOS

Esta es la parte de un artículo original que debe basarse exclusivamente en la objetividad de los datos o resultados obtenidos tras someter a las variables del estudio a los correspondientes análisis estadísticos. No puede quedar impregnada de ninguna interpretación subjetiva, por clara que sea, por parte del investigador, cometidos que se deberán cumplir en la sección de conclusiones y discusión. Debe limitarse a una exposición rigurosa, inteligente y clara de los resultados obtenidos, habiendo usado los test estadísticos que se mencionaron en la sección de pacientes y métodos. Lo adecuado es dar los datos para variables cuantitativas siempre que cumpla una distribución normal como fue en la mayoría de las variables del estudio la media y la desviación estándar. Procedemos a su análisis:

En el primer párrafo se establece el tamaño de la muestra real, clasificándola según las variables confusotas: hábito tabáquico en dos grupos (fumador y no fumador), género (en varón y mujer) y según el grado de obesidad en 3 grupos (normopeso, sobrepeso y obesidad). Se exponen 3 tablas: la tabla 1 clasificando los individuos de la muestra según su hábito tabáquico, mostrando las medias de cada variables con su desviación estándar, seguido de la p correspondiente. La finalidad de esta tabla es poner de manifiesto la homogeneidad o igualdad de estos dos grupos definidos según el hábito tabáquico. Se hace uso de la técnica de la estratificación para valorar en el análisis estadístico sin se trata de confusión o interacción. En el análisis univariante se observó que existía una interacción entre el número de cigarrillos consumidos y el nivel de triglicéridos. Un interacción es distinta de la confusión, pues simplemente indica que la influencia de una variable influye sobre la variable dependiente, modificando el efecto que realiza la variable independiente o independientes sobre la dependiente, aumentando o disminuyendo su efecto. Los autores reconocen la limitación de diseño, al poner de manifiesto que si existe diferencia en una de las variables en la que no debía haberse hallado diferencia estadísticamente significativa como es la edad en años (p < 0,037), demostrándose que ambos subgrupos no son totalmente homogéneos y la muestra probablemente no sea totalmente representativa de la población en este aspecto.

La tabla 2 clasifica a la muestra según el grado de obesidad mediante un análisis univariante en 3 grupos, estableciéndose si se observaron diferencias estadísticamente significativas sólo con el grupo de normopeso (marcado con un asterisco *) o si además del grupo de normopeso, también con el de sobrepeso (marcado con una cruz +). La variable género en esta tabla no resulta estadísticamente significativa en nuestro estudio, así como el hábito tabáquico. Aquí sí se obtiene significación estadística con la variable de resistencia insulínica cuando comparamos el grupo de obesos frente a los otros dos.

La tabla 3 mostró el resultado del análisis multivariante mediante regresión lineal, observándose que las variables índice cintura-cadera con su coeficiente beta, el índice de masa corporal, el número de cigarrillos consumidos al día y el nivel de triglicéridos se relacionaban de forma estadísticamente significativa con la variable dependiente cuantitativa HOMA, que refleja la resistencia insulínica, resultando de este análisis el modelo que se refleja en la base de la tabla 3. En resumen, las características de esta sección podemos resumirla de la siguiente manera:

➢ Refleja los hallazgos más importantes y pertinentes en relación a los objetivos del estudio de forma comprensible y coherente.

- Los resultados se exponen de forma lógica, haciendo referencia a las distintas tablas de datos en su momento correspondiente.

- Hace uso de tablas, aunque no de gráficos.

- Presenta los resultados de las pruebas estadísticas empleadas.

- Utiliza una sucesión adecuada de párrafos. Es claro, preciso y se limita a los estrictamente necesario.

- Se expresa en tiempo pasado, cuidando de no repetir lo descrito en materiales y métodos.

- La tablas complementan, no duplican lo descrito en el texto. Son autoexplicativas, de fácil compresión. Su título breve y claro. Hacen referencia en cada variable la unidad de medida empleada. Hacen explícitas las abreviaturas.

DISCUSIÓN Y CONCLUSIÓN

Corresponde esta sección a la parte del artículo original, que seguida de la sección de material y métodos, exige más al autor del artículo, ya que es la parte interpretativa de los resultados obtenidos tras la realización del mismo. Es la que va a permitir dar respuesta a los objetivos e hipótesis planteadas inicialmente en la sección de introducción.

Constituye el apartado del artículo donde el investigador se compromete a satisfacer las dudas o lagunas del conocimiento que se pretendían aclarar con este estudio, dando contestación al problema de investigación planteado. Dejará huellas de humildad al reconocer cuales son las limitaciones del mismo y a raíz de los resultados obtenidos planteará si es posible la formulación de nuevas hipótesis de estudio, a partir de las cuales la comunidad científica decida por sí misma si éstas pueden constituir la base de futuras y novedosas investigaciones.

Entrando en detalle sobre el análisis crítico de esta sección destacamos que:

➢ En primer párrafo hace mención a los resultados del la regresión lineal multivariante, lo que le permite afirmar que se cumple la hipótesis alternativa que planteaba y satisfaciendo el objetivo inicial planteado en la sección de introducción. Además aporta el dato novedoso que no habían realizado estudios previos según la bibliografía a la que se hace referencia. La estratificación realizada que ha permitido diferenciar o delimitar cuales eras variables confusotas y las posible interacciones ha permitido que sus resultados tengan más solidez para asociar estas variables independientes con la dependiente (resistencia insulínica, a través del HOMA).

➢ Pone de manifiesto las limitaciones de su estudio. Es una pena que habiendo realizado el cálculo de tamaño muestral, incluso ajustado a posibles pérdidas de individuos, no se haya conseguido dos grupos similares en cuanto a su número (fumadores 52 y no fumadores 74), lo que ha llevado consigo que no consiga la significación estadística para la variable resistencia insulínica como era de esperar al comparar los dos grupos como hace referencia la bibliografía. Sin embargo, finalmente el estudio no se viene abajo al conseguirse demostrar que el tabaquismo se asocia de manera independiente con un incremento de la resistencia insulínica en el análisis multivariante.

➢ También se pone de manifiesto el efecto de la variable confusora grado de obesidad sobre la resistencia insulínica en aquellos pacientes que deciden realizar una deshabituación tabáquica, al no poderse demostrar una disminución de la resistencia insulínica al dejar de fumar, debido al incremento de peso que sufren estos pacientes al dejar este hábito.

- Al final de esta sección se presenta la conclusión final.

- Está bien realizada: no repite la información de los resultados, todas las afirmaciones tiene una base en la que apoyarse.

- La interpretación que realiza el autor es congruente con los resultados.

- No hace recomendaciones para establecer nuevos estudios de investigación de acuerdo a los resultados obtenidos en el suyo o nuevas hipótesis definidas claramente en las que apoyarse la comunidad científica.

- Se apoya de forma suficiente en la bibliografía publicada hasta la fecha para discutir los resultados obtenidos y aportar posibles ventajas o limitaciones de éstos al compararlo con los obtenidos en el presente artículo.

- Su estilo es claramente argumentativo, contrastando como es habitual con el estilo descriptivo hallado en la sección de resultados.

PARTE FINAL

REFERENCIAS BIBLIOGRÁFICAS:

➢ No actualizada: tan sólo 9 referencias bibliográficas (9/34=26 %), han sido publicadas en los últimos 5 años. Se recomienda al menos que sea de un 50 %.

➢ El número es adecuado: 34. Lo recomendable es que sea de al menos 30.

➢ Su exposición es correcto en orden y contenido, ajustándose en todo momento a las normas de Vancouver establecidas.

REFERENCIAS BIBLIOGRÁFICAS

Rodríguez Burgos R.. Metodología de investigación y escritura científica en clínica. 3ª ed. Granada: Escuela de Andaluza de Salud Pública; 2005.

Greenhalgh T. Cómo interpretar un artículo médico. Fundamentos de la medicina basada evidencia. 1ª ed. BMJ Publishing Group; 2000.

Laporte J-R. Principios básicos de investigación clínica. 2ª ed. Fundación Instituto Catalán de Farmacología; 2001.

Juez Martel P. Herramientas estadísticas para la investigación en Medicina y Economia de la Salud. 1ª ed. Centro de Estudios Ramón Areces, S.A.; 2000.

CAPÍTULO 3

ANÁLISIS CRÍTICO

DE UN

ENSAYO CLÍNICO ALEATORIO

Fernando M. Jiménez Macías

ANÁLISIS CRÍTICO DE UN ENSAYO CLÍNICO ALEATORIO

Marín-Iranzo R, de la Sierra-Iserte A, Roca-Cusachs A, Oliván-Martínez J, Redón-Mas J et al. Estudio doble ciego de la eficacia y la seguridad de la combinación a dosis fija de 10 mg de enalapril / 20 mg de nitrendipino en comparación con el incremento de dosis de amlodipino en pacientes con hipertensión esencial no controlada con 5 m de amlodipino. Rev Clin Esp. 2005; 205 (9): 418-424.

Se trata de un artículo original escrito en lengua española y publicado en el año 2005 en la Revista Clínica Española. Fue un ensayo clínico aleatorizado multicéntrico a doble ciego para comparar la eficacia y seguridad de dos pautas terapéuticas distintas en pacientes que habían fracasado a un tratamiento inicial. Se valoraron si existían diferencias entre ambos en lo referentes a acontecimientos adversos.

Vamos a aportar al profesor una fotocopia del artículo original propiamente dicho para que le sirva de guión para la corrección del análisis crítico realizado en la próximas páginas.

PARTE PRELIMINAR

1. Introducción.

2. Autores.

3. Resumen del artículo.

CUERPO DEL ARTÍCULO:

1. Introducción.

2. Material y métodos.

3. Resultados.

4. Discusión y conclusión.

PARTE FINAL:

Agradecimientos y bibliografía.

PARTE PRELIMINAR

TÍTULO

- ➢ Demasiado largo: se recomienda que sea inferior a 15 palabras. Este cuenta con 45 palabras. Creo que abusa de sobreexplicación.

- ➢ Claridad aceptable, aunque podría haberse mejorado.

- ➢ Empleo inadecuado de abreviaturas: en lugar de miligramos se pone mg.

- ➢ Ortográficamente incorrecto al no emplear letras mayúsculas con nombre propios como son Enalapril, Nitrendipino o Amlodipino.

- ➢ Empleo inadecuado de signos gramaticales como es /. Más correcto hubiera sido la asociación Enalapril con nitrendipino.

AUTORES

- ➢ Bien redactados con apellidos claros, evitando el empleo de iniciales solamente.

- ➢ Cada autor se asocia bien con la institución sanitaria a la que se haya vinculado, mediante el empleo de apéndices por orden alfabético.

- ➢ Buena exposición de los autores: al ser un estudio multicéntrico, son muchos los investigadores que han participado en el ensayo. Éstos aparecen en el artículo de forma que se respetan las leyes que rigen la autoría, apareciendo en el encabezado del artículos los de mayor peso en la investigación o con mayor responsabilidad en el mismo, generalmente los investigadores principales de cada centro. El resto como veremos más adelante se exponen en la sección de agradecimientos.

➢ Incluye en la parte inferior derecha de la primera página del artículo la dirección postal y e-mail del investigador principal o primer firmante, para permitir que la comunidad científica pueda contactar con el equipo de investigadores que conforman el grupo de estudio llamado ENVIDA.

➢ No es recomendable que se pongan las dos últimas autorías, ya que no corresponden a departamentos clínicos de centros hospitalarios, sino al laboratorio (Vita), que les facilitó posiblemente la financiación del mismo, así como los fármacos empleados en el estudio. Debería haberse puesto en la sección de agradecimientos.

RESUMEN

➢ Elogiamos a la revista al incluir un sumario en inglés paralelo al que está en español, aunque el resto del contenido de dicho artículo se haya escrito en español.

➤ Extensión del resumen: lo veo excesivamente corto. Generalmente se admite un máximo de 250 palabras en esta sección. Este resumen está en torno a 160 palabras.

➤ Lectura fácil y clara.

➤ Estructura: no se respeta el orden habitualmente seguido, que suele ser:

1. Primer párrafo: objetivos. Aquí no se habla del objetivo del estudio ni se plantea el posible problema de investigación con su hipótesis correspondiente.

2. Segundo párrafo: Material y métodos. No se hace mención nada sobre los aspectos estadísticos más reseñables del estudio.

3. Tercer párrafo: Resultados. Es demasiado escasa la información dada, pudiendo haber hecho mención sobre aspectos de la presión arterial sistólica y diastólica. Además cuando se hace referencia a los resultados estadísticos, deberían haber incluido los intervalos de confianza y no solamente la p.

4. Cuarto párrafo:Conclusión. Se expone de una forma no demasiado clara para el lector y no habitual. Estas conclusiones difícilmente engancharán al lector para realizar la lectura completa del artículo. También la encuentro deficitaria en relación al contenido de la discusión y conclusión del artículo.

➢ Respeta el empleo de fármacos genéricos, evitando así el uso en el resumen de marcas registradas.

CUERPO DEL ARTÍCULO

INTRODUCCIÓN:

➢ Valoración general: es bastante buena, aunque con algún defecto puntual.

➢ Autoexplicativa. Lectura fácil, clara y engancha al lector.

➢ Muy buen apoyo en la bibliografía publicada con anterioridad, haciendo referencia de forma detallada en algunos casos sobre estudios distintos de gran evidencia científica (ensayos clínicos aleatorizados y multicéntricos también). Hasta 21 referencias bibliográficas distintas para introducir al lector en el problema de investigación.

➢ Expone bien en el último párrafo cual es el objetivo que consiste en demostrar que la asociación de Enalapril y Nitrendipino presenta una eficacia igual o mejor que la dosis de Amlodipino duplicada (10 mg.), cuando fracasa con la dosis habitualmente empleada de inicio, que es Amlodipino de 5 mg al día.

➢ El objetivo no queda totalmente explícito, pues aunque lo deja caer, no existe un apartado que ponga de manifiesto que pretende demostrar que la eficacia de esta asociación de fármacos es al menos similar a la de Amlodipino a dosis de 10 mg/día. No se hace mención que intentará demostrar que la incidencia global de acontecimientos adversos es menor que la pauta de asociación que con la monoterapia. Hay que presuponerlo.

MATERIALES Y MÉTODOS

➢ Validez interna: aceptable. Se tocan los distintos aspectos que debe recoger un artículo original: diseño, control de sesgos (aleatorización o randomización a doble ciego), duración del estudio, pérdidas durante el estudio, calculo del tamaño muestral, ajustándolo a las posible pérdidas antes y después de la aleatorización, población, muestra y sus criterios de inclusión y exclusión, definición de los brazos terapéuticos, definición de las variables, consideraciones éticas del estudio y finalmente métodos estadísticos.

➤ Instrumentos de medida para recogida de datos: no se encuentra presente. Desconocemos qué método de medición del tensión arterial emplearon y si estaban calibrados para asegurar la precisión de los mismo, por evidente que sea.

➤ Diseño: se trata de un ensayo clínico aleatorizado multicéntrico a doble ciego. Presenta un primer periodo de lavado de posibles tratamiento previos que el paciente previamente estuviera realizando (2 semanas). Éste se sigue de un segundo periodo de 4 semanas con una dosis única diaria todos los paciente de 5 miligramos de Amlodipino. Los paciente en los que se consiguió un control adecuado se excluían del estudio, mientras que los que no respondían eran aleatorizados a doble ciego en 2 brazos terapéuticos definidos: uno en el que recibían la asociación de Enalapril y Nitrendipino durante 6 semanas y otro en que se duplicaba la dosis de Amlodipino a 5 miligramos al día más de lo que había tomado durante esas 4 semanas previas, tomando ahora 10 milígramos al día durante 6 semanas. Ambos grupos se compararían los resultados de las distintas variables.

➢ Población: la que asiste las unidades de hipertensión o de medicina interna de las Áreas hospitalarias de todos los 29 centros hospitalarios que han participado en el estudio multicéntrico.

➢ Muestra: definen perfectamente el tipo de paciente que incluirán en el estudio, definiendo que es un paciente con hipertensión esencial, cuáles son los criterios de inclusión y de exclusión. Definen también el paciente que pasará a la fase de aleatorización a doble ciego, al fracasar la pauta con Amlodipino a 5 mg/día.

➢ Protección frente a sesgos o errores: aleatorización o randomización a doble ciego (el paciente y el médico desconoce que es lo que toma y se cuidan los detalles de los preparados farmacológicos para que no lo puedan saber.

➢ Definición de los brazos terapéuticos: se establecen la pautas con dosis, nombre del fármaco como genérico y nombre registrado, la duración de la pauta terapeútica, forma de dispensación y suministro.

➢ Cálculo del tamaño muestral: se realiza y además se preocupan de cumplirlo. Para su cálculo era necesario que los investigadores establecieran en el artículo los siguientes aspectos:

  o Nivel de sensibilidad, es decir, los investigadores establecieron que era necesario detectar una diferencia clínicamente relevante de 4 mm. de mercurio en la presión arterial diastólica.

  o Varianza, que es el cuadrado de la desviación típica o estándar: S^2 = (desviación típica o estándar)^2. En nuestro caso, la desviación típica es de 9,9 mm. de mercurio, siendo por tanto, la varianza de 98,01.

  o Protección frente a los errores alfa y beta. El error alfa es el que surge de afirmar que la hipótesis alternativa es cierta cuando en realidad es falsa. Es afirmar que existen diferencias cuando en la realidad no existen. Habitualmente, como es en nuestro caso, el error alfa que establecieron los investigadores fue menor del 5%, es decir, error alfa < 0.05. El error beta se comente cuando se acepta la hipótesis nula cuando en realidad esta es falsa, es decir, afirmamos que no existen diferencias, cuando en realidad existían. La potencia, que en nuestro caso el investigador desea aplicar es de un 80%, es la diferencia 1- error beta. Es decir, según esto el error beta que el investigador está dispuesto a asumir es de 0.20 (20%). A cada uno de estos errores le corresponde un valor Z correspondiente al riesgo alfa o beta que el investigador desee asumir. En nuestro caso, el valor de la Z para un alfa =0.05 bilateral es 1,960, mientras que el valor Z para un error beta =0.20 es de 0,842. Por tanto, ya disponemos de todos los parámetros que debió el investigador contar para llegar a la conclusión de que precisaba de al menos 64 pacientes para cada grupo.

Se trata de la fórmula para el cálculo del tamaño muestral para este tipo de estudios y consiste en:

N= 2 * ((varianza/ (nivel de sensibilidad)^2 * (Z error alfa + Z error beta)^2

N= 2 * (98,01/ 4 * 4) * (1,96 + 0,842) ^{2} = 96,18 (aprox. 98 individuos para cada grupo, como hace referencia en el artículo).

Cuando queremos ajustar el tamaño muestral a las pérdidas, multiplicaremos el tamaño muestral original al cociente (1/1-R), donde R es la proporción esperada de pérdidas, que en nuestro caso fue de un 20 %, es decir, 0,20.

Por tanto, sería el tamaño muestral requerido para la aleatorización sería:

N= 98 * (1/0,80) = 122,5 individuos para cada grupo, lo que conforma un tamaño muestral para la aleatorización de 122,5 * 2 = 245 pacientes, tal como se muestra en artículo.

Si además queremos ajustar el tamaño muestral, contando las posibles retiradas prematuras antes de la aleatorización y que los investigadores establecieron en un 25 %. Entonces, el tamaño muestral final que resulta es el siguiente:

N= 245 * (1/0,75) = 326 individuos, tal como se pone de manifiesto en la parte final del apartado de tamaño de la muestra.

➢ Variables del estudio: se definen bien las distintas variables: la variable principal y secundaria de eficacia y la variable de tolerancia. Se define el paciente no cumplidor. Cuando el paciente no cumplía el tratamiento estipulado, desconocemos si después era evaluado "por intención de tratar", aspecto que no se hace mención en el artículo y que adolece de él.

➢ Consideraciones éticas: correctas y ajustadas a protocolo.

➢ Métodos estadísticos: nos informa del programa informático empleado para su realización. Tampoco aquí se hace mención de la intención a tratar para pacientes sin la adherencia al tratamiento mínima exigida. No se hace mención de en qué momento se van a emplear los test estadísticos de la Chi-cuadrado, la exacta de Fisher ni la t-student, según el tipo de variable que se fuese a analizar (cualitativa, cuantitativa, etc.). Tampoco se expone la forma de expresar los resultados de las variables según el tipo de variable. Asumen los investigadores que los potenciales lectores de los artículos son grandes conocedores de la bioestadística. Tan sólo se recrea algo más en un test estadístico algo más complejo de los que habitualmente se emplean como es el ANCOVA. Este test es algo complejo de explicar, pero su metodología consiste en primero realizar una regresión de las covariables correspondientes sobre la variable dependiente. Una vez realizado esto, con los residuos de la regresión, es decir, lo que no ha conseguido explicar ésta, son sometidos a un análisis de la varianza para valorar si se detectan diferencias significativas según uno o varios factores explicativos.

RESULTADOS

> Estructura adecuada: pacientes incluidos en el estudio, con la presencia de la figura 1, donde se recogen los paciente inicialmente reclutados, para posteriormente especificar el tamaño muestral que se tuvo para la monoterapia y la fase de doble

ciego, así como los dos brazos terapéuticos. Se recogen todas las pérdidas o retiradas en las distintas fases, desviaciones mayores y la casuística de los acontecimientos adversos. Esta figura es clara y no aporta información adicional, complementando el texto.

➢ Características basales: hace referencia a la tabla 1, donde se establece la homogeneidad de ambos brazos terapéuticos una vez que fueron distribuidos en dos grupos aleatoriamente. Su tamaño es similar (100 frente a 98). No existen diferencias estadísticamente significativas en las mismas variables de ambos grupos como pone de manifiesto las distintas p, siendo todas ellas superiores a 0,05. Una de ellas que tiene un p próxima a este valor, nos aporta el intervalo de confianza al 95 % de la diferencia, que además incluye el 0 en su rango por lo que avala el dato de la p.

➢ Adherencia al tratamiento o cumplimiento: se establece bien cuando un paciente no lo tiene, pero no se dice si ese paciente que no es cumplidor se considerará como si hubiera finalizado el estudio, es decir, utilizando el mecanismo de intención por tratar.

➢ Eficacia: considero que el texto se repite en los datos que aporta la tabla 2. Algunos párrafos de este apartado podrían ser obviados, ya que se exponen claramente en la tabla, como es el establecer la reducción de la presión arterial diastólica V5-V3, así como lo referente a la reducción de la presión arterial sistólica V5-V3. No entra en detalles en el texto sobre el empleo de los test estadísticos en los que en la tabla sólo se hace mención, en especial los resultados obtenidos con la Chi-cuadrado finales de la tabla. Los intervalos de confianza de ambas variables no incluyen el 0, son estrechos y tiene un soporte adecuado con la significación estadística que le da la p.

➢ Seguridad: se denota que es la parte de los resultados que los autores quieren potenciar más, dejando más de lado la eficacia, probablemente por no haber conseguido demostrar una mayor eficacia sobre el control de la presión arterial con la terapia combinada cuando la comparábamos con la monoterapia de Amlodipino a dosis de 10 mg al día. La mayoría de los datos se exponen aportando sus respectivos intervalos de confianza, así como los valores de la p resultante de la aplicación del test estadístico correspondiente. Destacan la diferencia estadísticamente significativa que obtienen en el brazo de la terapia combinada al demostrar una menor incidencia de edema maleolar cuando la comparan con el brazo de amlodipino sólo.

➢ Destacamos la presencia de un gráfico, que de forma bastante expresiva muestra la eficacia prácticamente similar de ambas pautas terapeúticas en todas las fases del estudio.

➢ Se expone una tercera tabla que aporta datos que no se hacen mención sobre acontecimientos adversos. Es clara, concisa y fácil de entender. Complementa claramente al artículo.

➢ Aspectos generales de la sección de resultados: refleja los resultados más importantes del estudio, de forma comprensible y coherente en relación a los objetivos establecidos en la sección de introducción, se expresa en tiempo pasado y se limita a describir y exponer los resultados obtenidos sin llegar a interpretarlo ni dar nociones de subjetividad con intención de explicarlos.

DISCUSIÓN Y CONCLUSIÓN

> Se establece una actitud interpretativa clara, exhaustiva y extensa que confirma hipótesis alternativa, demostrando que ambos tratamiento son igualmente eficaces basado en los resultados obtenidos.

> El perfil de seguridad de la terapia combinada es bueno sin acontecimientos adversos graves, e incluso con menor incidencia del uno de los efectos secundarios más habitualmente hallados con la monoterapia con Amlodipino y que hacen que dejen el tratamiento estos paciente.

> Especifica una limitación del estudio, como es la corta duración del mismo, una vez realizada la aleatorización (sólo 6 semanas), cuando lo recomendable es que sea de 2-3 meses.

> Se apoya de nuevo en estudios publicados en revistas, justificando sus resultados, comparando los suyos con los obtenidos en otros similares.

> Intenta justificar apoyándose en referencias bibliográficas, por que se produjo una menor incidencia de edema maleolar con la terapia

combinada, generando nuevas hipótesis, que podrían servir de base de futuros estudios.

➢ Intenta aportar novedad a esta nueva pauta terapeútica al obtenerse una diferencia estadísticamente significativa al reducir la frecuencia cardiaca con la terapia combinada frente a la monoterapia. Sin embargo, probablemente este hallazgo tenga poca base al no ser relevante clínicamente.

➢ El estudio es aplicable a la práctica médica habitual, pues permite conseguir con la combinación de fármacos una similar eficacia que la monoterapia con Amlodipino a doble dosis y con menores acontecimientos adversos, es decir, una relación riesgo-beneficio más favorable. Contribuye, por tanto, a que el estudio tenga una mayor validez externa y que puedan extrapolarse los resultados obtenidos de mi estudio a la población.

➢ Conclusión: puede ser mejorable, aunque sí está presente en la sección de discusión

➢ La interpretación del autor es congruente con los resultados.

➢ Se excede en la exposición repetitiva de los resultados obtenidos en esta sección.

➤ Su estilo es claramente argumentativo, contrastando con el estilo descriptivo de la sección de resultados y lo expresa en presente.

AGRADECIMIENTO

➤ Hace justicia con el resto de participantes en el ensayo.

➤ No es completo todos los datos, al faltar el segundo apellido de los investigadores.

BIBLIOGRAFIA

➤ No actualizada: sólo 11 referencias bibliográficas de un total de 29 fueron publicadas en los 5 años previos a la publicación del presente artículo, es decir, un 38%. Se recomienda que sea al menos del 50 %.

➤ Nº de referencias bibliográficas: 29. Aceptable, aunque lo que se recomienda en un artículo original es al menos 30.

➤ Su orden es correcto y respeta las normas de Vancouver.

REFERENCIAS BIBLIOGRÁFICAS

1. Rodríguez Burgos R.. Metodología de investigación y escritura científica en clínica. 3ª ed. Granada: Escuela de Andaluza de Salud Pública; 2005.

2. Greenhalgh T. Cómo interpretar un artículo médico. Fundamentos de la medicina basada evidencia. 1ª ed. BMJ Publishing Group; 2000.

3. Laporte J-R. Principios básicos de investigación clínica. 2ª ed. Fundación Instituto Catalán de Farmacología; 2001.

4. Juez Martel P. Herramientas estadísticas para la investigación en Medicina y Economia de la Salud. 1ª ed. Centro de Estudios Ramón Areces, S.A.; 2000.

CAPÍTULO 4

ANÁLISIS CRÍTICO DE UN ARTÍCULO DE UN DISEÑO DESCRIPTIVO DE DIAGNOSTICO

Fernando M. Jiménez Macías

ANÁLISIS CRÍTICO DE ARTÍCULO DESCRIPTIVO DE DIAGNOSTICO

Rodríguez Caravaca G, García-Cruces Méndez J, Hobson S, Rodríguez Caravaca S, Villar del Campo M C, González Mosquera M. Validez del diagnóstico clínico de carcinoma basocelular en atención primaria. Aten Primaria 2001;28(6):391-395.

Desarrollo

A continuación vamos a realizar un análisis crítico de un artículo original sobre la validez de un test diagnostico. Todas estas conclusiones realizadas en el ejercicio pueden aplicarse perfectamente a cualquier artículo científico que desee evaluar la validez desde un punto de vista crítico de una determinada prueba diagnóstica.

Se trata de un artículo original de la revista en español Atención Primaria, que se publicaba en el año 2001, siendo su investigador principal el Dr. Rodríguez Caravaca. En él se compara la capacidad diagnostica del carcinoma basocelular desde un punto de vista clínico con la prueba de referencia o también llamada "gold estándar", la biopsia cutánea para su correspondiente estudio anatomopatológico.

Pasemos a disgregar por secciones su análisis crítico:

PARTE PRELIMINAR

TÍTULO

- ➢ Extensión: correcta. 10 palabras. No se recomienda que se supere de 15, por lo que se cumple este aspecto.
- ➢ Es claro, conciso, autoexplicativo.
- ➢ Evita el uso de abreviatura, exceso de preposiciones y los subtítulos.
- ➢ Permite el enganche del lector, que probablemente va a desear a continuación leer el resumen.

AUTORES

- ➢ Bien redactado con los dos apellidos, evitando las iniciales.
- ➢ Su número es adecuado.
- ➢ Incompleto: no especifica las instituciones, ciudades ni los departamentos de los investigadores.
- ➢ Facilita la dirección postal y e-mail del investigador principal. Incluso se hace mención que se trata de

un trabajo financiado por el proyecto de investigación FIS.

<u>RESUMEN</u>

➢ Extensión: correcta. Se sintetizó el artículo de forma adecuada. Cuenta con un total de 214 palabras, no superando el nivel máximo que se aconseja, que es de 250.

➢ Estructura: inadecuada. No se respeta el orden habitualmente empleado, que por orden se expone objetivos, materiales y métodos (esta sección no existe como tal y se ha presentado con 4 subapartados: diseño, emplazamiento, pacientes y mediciones principales), resultados y conclusiones. Normalmente existe un primer párrafo de objetivos, que el artículo lo expone correctamente y de forma clara. Un segundo párrafo de material y métodos. En éste incluyen un subapartado de emplazamiento, que igual podría haberse obviado. Un tercer párrafo correcto, que aporta los resultados más importantes y con datos numéricos, sus correspondientes intervalos de confianza al 95 %. Un 4° párrafo de conclusiones bien elaborado.

- Siendo una revista española tienen la virtud de aportar además un sumario en inglés con una traducción óptima.
- Su lectura es clara, fácil y ordenada.
- Es autoexplicativo. Normalmente el lector no va a tener que recrearse de nuevo en sucesivas lecturas del resumen para comprenderlo.

CUERPO DEL ARTÍCULO

INTRODUCCIÓN

- Valoración general: muy buena. La introducción que realizan los autores del artículo es muy buena. Se ve como con solamente 3 párrafos va introduciendo al lector en cual es el problema de investigación que plantea: valorar la capacidad diagnostica del cáncer de piel más frecuente desde la óptica de atención primaria.
- Referencias bibliográficas: usa 9 artículos científicos, con el inconveniente que no está actualizada en esta primera parte, partiendo que se trata de un artículo publicado en el año 2001.

➤ Su lectura, que es fácil, concisa y autoexplicativa, engancha perfectamente al lector, haciéndole consciente de la problemática de investigación.

➤ Queda perfectamente definido el objetivo del estudio en el último párrafo de esta sección.

➤ Al ser un estudio descriptivo y no analítico, no existe hipótesis alternativa ni nula. No van a intentar comparar cual método diagnostico es mejor, pues ya se supone que el mejor es el gold estándar (la biopsia cutánea), aunque sí se va a utilizar ésta como referencia, para una vez se haya valorado la validez de esta forma de diagnostico del basalioma.

MATERIALES Y MÉTODOS

➤ Población de estudio: bien definida. Pacientes del Área Sanitaria 8 de Atención primaria de la Comunidad de Madrid.

➤ Muestra: pacientes de la anterior población que acudiera al centro de salud de esta área sanitaria con lesión cutánea sospechosa de tener un carcinoma basocelular.

➢ Los criterios de inclusión y exclusión quedan reflejados en el apartado de métodos.

➢ Cálculo del tamaño muestral: se trata de realizar el cálculo de la muestra de un estudio descriptivo. Para ellos es preciso establecer tres parámetros:

1. Nivel de Precisión (d): diferencia entre el valor estimado y el valor real de la medida del estudio para que no se exceda ciertos límites. Habitualmente la mayoría de los estudios se suele establecer una precisión de un 5 o 10 %. En nuestro estudio, la precisión que se decidió fue del 5 %, es decir, d = 0,05.

2. Una p, que es la frecuencia en la que se halla la variable de interés en la población. En nuestro caso, al desconocerse se estableció la situación más desfavorable con unos índices de validez del 50 %, es decir, p = 0,50. Se trata de la estimación del valor probable. En otros estudios nos lo facilitan de acuerdo a los resultados obtenidos de artículos publicados previamente en la literatura médica.

3. Error alfa o nivel de confianza: en nuestro estudio el error alfa es del 0,05, siendo su nivel de confianza del 95 %. A este error alfa, le corresponde un valor de Z, según sea la prueba unilateral o bilateral, siendo respectivamente, de 1,645 o 1,960. En nuestro caso, es bilateral. Por tanto, el valor de la $Z = 1,960$.

Teniendo estos 3 valores, aplicaremos la fórmula que emplearon los investigadores para el cálculo del tamaño muestral, que es la siguiente:

$$N = p * (1\text{-}p) * (Z\alpha / d) = 0,5 * (1\text{-} 0,5) * (1,960 / 0,05)^2 = 0,5 * 0,5 * (39,2)^2$$

$N = 384,16$ para cada grupo (el de basaliomas y el que se obtenía otro diagnostico).

Si a continuación, si realizamos el ajuste del tamaño muestral en función de las posible pérdidas durante el estudio, que según el artículo podían ser del 20%, es decir, pérdidas = 0,20, resulta:

N ajustado = N * (1/ 1-pérdidas) = 384,16 * (1/ 1-0,20) = 384,16 * (1/ 0,80) = 480,2 para cada grupo.

Por tanto, el tamaño muestral deseado será de 480,2 * 2 = 960,4.

Como vemos en el artículo, se estimaron 962 pacientes, 481 con diagnostico de basalioma para estudio de la sensibilidad y otros 481 individuos con otros diagnósticos anatomopatológicos, para estudio de la especificidad.

➢ Instrumentos: se emplearon una hoja de recogida de datos estándar uniforme para la recogida de todas las variables. Los diagnósticos de anatomía patológica de estas lesiones se obtuvieron del Servicio de Anatomía Patológica de la Fundación Hospital de Alcorcón.

➢ Duración del periodo de reclutamiento: se especifica y se encuentra comprendido desde el 1 Enero del 98 hasta finales de Julio del 2000.

➢ Se establece la variable cualitativa dicotómica (diagnostico clínico: sospecha clínica de tener o no tener carcinoma basocelular) o (diagnostico anatomopatológico positivo o negativo para carcinoma basocelular), así como la variable cuantitativa edad, especificando como van a quedar expresadas. Sin embargo, en el apartado de análisis estadístico no se detallan como acabo de hacerlo yo ahora en la exposición ni tampoco se menciona en este apartado qué tipo de test estadístico irán a aplicar y que después efectivamente aplican, como pone de manifiesto la tabla 1. Concretamente, nos referimos al test estadístico que compara dos variables cualitativas dicotómicas, como es la tabla de contingencia 2 x 2 o también llamada Chi-cuadrado. Sí se hace mención sobre los índices de validez del carcinoma basocelular, que incluyen la sensibilidad, especificidad, valores predictivos, cocientes de probabilidad y valor global, indicándose en artículo, que una vez calculados refiere los expresará con sus porcentajes y sus correspondientes intervalos de confianza. Creo que los autores podrían haber facilitado la interpretación de esta parte del artículo y en especial del apartado de los resultado si hubieran explicado como se ha obtenido dichos resultados, sin tampoco pretender que el artículo fuera una clase magistral de epidemiología, que para eso existen ya libros de sobra.

Para su interpretación, en el apartado de resultados entraremos en más detalles sobre cómo los autores realizaron los cálculos de los índices de validez.

➢ En el estudio para evitar un sesgo de selección o que el estudio se viera afectado en su validez interna por la distinta preparación profesional a la hora de interpretar desde el punto de vista clínico las lesiones dermatológicas se decidió acertadamente incluir todas las lesiones cutáneas que cumplieran los criterios de inclusión.

Hasta el momento, podemos afirmar que el estudio presenta las siguientes características de acuerdo a las Guías CASPe de lectura crítica de la literatura médica para artículos sobre diagnostico, en la que se siguen 10 apartados:

1. Existió una comparación con una prueba de referencia adecuada (biopsia cutánea para estudio anatomopatológico).

2. Se contó con una muestra de tamaño correcto a priori para detectar diferencias,

diferenciando la variable dependiente (tener o no tener carcinoma basocelular).

3. Existe una adecuada descripción de la prueba con aspectos macroscópicos definidos de las lesiones cutáneas que podían ser sospechosas de carcinoma basocelular.

4. No en todos los pacientes hubo una evaluación "ciega" de los resultados. Como reconocerá el artículo en su sección de discusión se dice que " no pudieron garantizar que en todos los pacientes la interpretación anatomopatológica se realizara de forma ciega (sesgo de sospecha diagnostica).

Los otros cuatros aspectos que se recogen en esta guía se expondrán al final de la sección de resultados.

RESULTADOS

➢ Se establece el tamaño muestral de partida con el porcentaje de pérdidas.

➢ Aportan las variables demográficas más relevantes (sexo, edad) con sus intervalos de confianza al 95 %, cuya amplitud es adecuado. El intervalo de confianza al 95 % simplemente indica que si hiciéramos el estudio 100 veces, en 95 ocasiones, el valor obtenido para dicha variable se encontraría en el rango que establece el intervalo de confianza, quedando en 5 ocasiones fuera de él.

➢ Establecen una tabla 2 x 2, correspondiente a la tabla 1, en la cual en la columna de la izquierda se encuentra la variable independiente, es decir, el diagnostico clínico (sospecha clínica o no de carcinoma basocelular) y en la fila superior, la variable dependiente (diagnostico anatomopatológico), variable cualitativa dicotómica que tiene 2 categorías (tener o no verdaderamente un carcinoma basocelular). De esta tabla, deriva tasa de verdaderos positivos, falsos negativos, falsos positivos y verdaderos negativos.

	Diagnóstico anatomopatológico		
Diagnostico clínico	Presencia de cáncer	Ausencia de cáncer	**Total**
Sospecha de cáncer Basocelular	**Verdadero positivo (VP)**	**Falsos positivos (FP)**	Total de diagnósticos clínicos positivos (SC+)
No sospecha de cáncer basocelular	**Falso negativo (FN)**	**Verdadero negativo (VN)**	Total de diagnósticos clínicos negativos (SC-)

➢ En la sección de resultados describen los porcentajes de lesiones dermatológicas halladas. Considero que hubiera sido mejor haberlo expresado en una tabla o gráfico, al ser más expresivo, facilitando la lectura.

➢ En la tabla 2, se exponen los índices de validez correspondiente al diagnostico clínico del carcinoma basocelular:

1. Sensibilidad = (VP) / (T+) = (VP) / (VP + FN) = 135 / 491 = 27,5 %

    La posibilidad de que el diagnostico clínico sea carcinoma basocelular en los enfermos es del 27,5 %, es decir, de cada cuatro pacientes con carcinoma basocelular, solo diagnosticaríamos correctamente 1 y 3 quedarían sin diagnosticar.

2. Especificidad = (VN) / (T-) = (VN) / (FP + VN) = 361/ 399 = 90,5 %

    La mayoría de los enfermos que no tienen cáncer la prueba los detectaría, con una tasa de falsos positivos muy baja.

3. Valor predictivo positivo (VPP) = (VP) / (VP + FP)= 135/173 =78 %

Si la prueba resulta positiva, la probabilidad de tener realmente un cáncer es de casi del 80 %.

4.   Valor predictivo negativo (VPN)= (VN)/(VN + FN)=361/717=50,3%

Si la prueba resulta negativa, la probabilidad de no tener un cáncer es del 50 %.

5.   Razón de verosimilitud positiva o cociente de probabilidad positivo o Likelihood ratio = (CP+). Indica cuánto más probable es un resultado positivo en los enfermos, es decir, los que tenían en realidad un carcinoma basocelular, que en los no enfermos. El valor que deberíamos tener debe ser superior a 1.

(CP+) = Sensibilidad / (1 – especificidad) = 0,275 / (1 – 0,905)

(CP+) = 0,275 / 0,095 = 2,89 (como se ve es superior a 1).

Un diagnostico clínico de sospecha positivo para carcinoma basocelular es 2,8 veces más frecuente en personas con realmente cáncer que en aquellos que no lo tienen.

6.   Razón de verosimilitud negativa o cociente de probabilidad negativo o likelihood ratio (CP-). Indica cuánto más probable es un resultado negativo en los enfermos, es decir, en los que tienen

realmente cáncer, que en los no enfermos. El valor que se prefiere tener es menor de 1.

(CP-) = (1- sensibilidad) / especificidad = (1- 0,275) / 0,905

(CP-) = 0,725 / 0,905 = 0,80 (como se ve es inferior a 1).

Los intervalos de confianza que se dan para cada índice de validez constituye el intervalo dentro del que se encuentra la verdadera magnitud del efecto, con un grado prefijado de seguridad. Cuando empleamos un intervalo de confianza del 95 % estamos afirmando que dentro de ese intervalo se encuentra el verdadero valor del efecto en el 95 % de los casos o que tenemos una seguridad del 95 % de que el verdadero valor se encuentra entre los límites de ese intervalo. Cuanto más estrecho es ese intervalo , mayor es la precisión con la que se estima el efecto en la población.

Continuando con la guía CASPe, recordad que quedaban 4 aspectos más para evaluar críticamente este artículo, que son los siguientes:

6.   Se han podido calcular los cocientes de probabilidad (likelihood ratio).

7. La precisión de las estimaciones es moderadamente alta, ya que los intervalos de confianza son estrechos y no incluyen el 0.

8. Este estudio es reproducible y repetible en el ámbito clínico diario.

9. No se considera aceptable la prueba, ya que la validez del diagnostico clínico de sospecha del carcinoma basocelular es bastante bajo.

10. Estos resultados hacen que tengamos que plantearnos actitudes distintas para realizar un mejor diagnostico clínico de sospecha del carcinoma basocelular.

En líneas generales, se reflejan los resultados más relevantes, se emplean tablas, aunque no gráficos, se expresa en pasado y se utiliza un estilo descriptivo, no argumentativo.

DISCUSIÓN

➢ Los autores ponen de manifiesto que es posible medir la validez del diagnostico clínico de sospecha del carcinoma basocelular, al disponer de un gold estándar como es la biopsia cutánea para estudio anatomopatológico.

➢ Comparan con los resultados de la bibliografía, la validez diagnostica global, reconociendo que aunque la sensibilidad fue baja, los resultados obtenidos con altos porcentajes de valor predictivo positivo y especificidad indica que existe una buena base para mejorar el diagnostico clínico de sospecha de carcinoma basocelular.

➢ Reconoce las limitaciones del estudio: no hay estudios previos a los que tener de referencia y ninguno en nuestro medio. Otra limitación que reconocen es la posibilidad de sesgos de sospecha diagnostica, al no garantizar que el estudio anatomopatológico se realizara de forma ciega.

➢ Este estudio le permite al investigador proponer mecanismos de mejora para el diagnostico de sospecha clínico de esta entidad.

➢ Finalmente realiza reflexiones sobre la posible aplicabilidad del este sistema de diagnostico de carcinoma basocelular, estableciendo los aspectos relacionados con la validez externa.

BIBLIOGRÁFIA

➤ Es algo corta. Se recomienda que haya al menos 30, pero si es verdad que hay que reconocer que uno de los pocos estudios publicados sobre este aspecto del diagnostico en la literatura médica.

➤ No está muy actualizada, pero hay que reconocer lo anteriormente comentado.

REFERENCIAS BIBLIOGRÁFICAS

Rodríguez Burgos R.. Metodología de investigación y escritura científica en clínica. 3ª ed. Granada: Escuela de Andaluza de Salud Pública; 2005.

Greenhalgh T. Cómo interpretar un artículo médico. Fundamentos de la medicina basada evidencia. 1ª ed. BMJ Publishing Group; 2000.

Laporte J-R. Principios básicos de investigación clínica. 2ª ed. Fundación Instituto Catalán de Farmacología; 2001.

Juez Martel P. Herramientas estadísticas para la investigación en Medicina y Economia de la Salud. 1ª ed. Centro de Estudios Ramón Areces, S.A.; 2000.

CAPÍTULO 5

ANÁLISIS CRÍTICO DE UN ARTÍCULO DE COHORTES PROSPECTIVO

Fernando M. Jiménez Macías

ANÁLISIS CRÍTICO DE ARTÍCULO DE COHORTES PROSPECTIVO

*Webster Ross G, Abbott R D, Petrovitch H, Morens D M,
Grandinetti A, Tung K-H et al. Association of coffee and
caffeine intake with the risk of Parkinson disease. JAMA
2000; 283: 2674-2679*

Se trata de un artículo original publicado en el año 2000 en la revista en inglés llamada JAMA. Se trata de un estudio descriptivo analítico de cohortes en el cual se intentó durante un seguimiento de 30 años relacionar la ingesta de café con la enfermedad de Parkinson, y ver si ésta suponía un factor de riesgo o protector del desarrollo posterior de esta enfermedad.

La verdad es que el resultado que obtuvieron fue sorprendente al relacionar la ingesta de café en la cohorte expuesta con un efecto protector frente al desarrollo de esta enfermedad. De hecho, posteriormente aparecieron meta-análisis realizado por Hernan MA y publicado en Annals of Neurology en el año 2002.

Entremos en detalle en el análisis crítico de este artículo:

PARTE PRELIMINAR

TÍTULO

➢ Extensión: adecuada. Cuenta con 12 palabras, recomendándose que sean 15 como mucho.

➢ El título está bien elaborado, enganchando al lector.

➢ Supone un explicación corta del proyecto de investigación.

AUTORES

➢ Bien redactado, evitando las iniciales.

➢ Falta exponer las instituciones clínicas en las cuales elaboran su actividad asistencial y la ciudad en la proximidad de los nombres de los autores. Tiene un párrafo en letra pequeña, que es donde se especifican, aunque es compleja de entender la exposición.

➢ Facilita la dirección postal y el e-mail del investigador principal, para permitir contactar con él en caso que lo considere la comunidad científica.

RESUMEN

> Extensión: algo extenso, pero aceptable, pues dispone de 273 palabras, siendo recomendable para no cansar al lector sobrepasar 250 palabras.

> Estructura: el objetivo e hipótesis se incluyen en los dos primeros párrafos, el apartado de material y métodos se incluye en el tercer y cuarto párrafo, rompiéndose la estructura que habitualmente deberían haber seguido, ya que los dos primeros tenían que haber sido un primero único de objetivos y el tercero y cuarto tenían que haber constituido un segundo párrafo único que incorporara el tercer y cuarto párrafo.

> Su lectura es fácil, clara y autoexplicativa. Los resultados se exponen de forma sintetizada los más importantes y aportando datos numéricos.

CUERPO DEL ARTÍCULO

INTRODUCCIÓN

> Valoración general: muy buena. Introduce al lector muy bien en el problema de investigación que actualmente existe.

> Define bien cúal es el objetivo del estudio: demostrar igual que lo hicieron estudios previos que

81

la ingesta de cafeína reduce el riesgo de desarrollar enfermedad de Parkinson, así como la hipótesis alternativa.

➤ Apoyo bibliográfico: aunque sólo emplea en este apartado 5 referencias bibliográficas, consideramos que aunque podría ser mayor, son lo suficiente actualizadas para que el estudio tenga buena base, ya que 4 de las 5 referidas se han publicado en los últimos 5 años previos a la publicación de este artículo en JAMA.

➤ Aporta novedades a los estudios previos: mayor tiempo de seguimiento, lo que va a permitir contar con un mayor número de pacientes que desarrollaron en el tiempo la enfermedad de Parkinson. Mediante la estratificación y la regresión logística van a poder establecer esta relación de forma más sólida, ajustándolo con el consumo de cigarrillos, cosa que estudios previos no habían realizado.

➤ Su lectura engancha bastante bien al lector, de manera que normalmente una vez realizada la lectura de la introducción, sin duda, querrá adentrarse en lo que es el artículo en posteriores secciones.

MATERIAL Y MÉTODOS

- ➤ Población: varones de origen japonés, comprendidos entre 45 y 68 años de edad, que vivían en la isla de Oahu en Hawai (Estados Unidos).

- ➤ Muestra: reclutamiento de un total de 8004 individuos, desde el año 1968 hasta 1996, recogiéndose todos los casos de enfermedad de Parkinson durante 4 periodos definidos: 1° periodo (1968-1971), 2° periodo (1974-1991), 3° periodo (1991-1993) y último (1994-1996).

- ➤ Consideraciones éticas: fue aceptado este estudio por el Comité de Ética correspondiente y todos los paciente incluidos en el estudio tuvieron que firmar el consentimiento informado.

- ➤ Seguimiento: 30 años.

- ➤ Definición de la enfermedad de Parkinson: fue perfectamente definido dicha enfermedad en función de escalas diagnosticas aceptadas previamente por la comunidad científica. También se definieron otras causas de parkinsonismo primario, con el fin de que estos individuos quedaran excluidos del estudio.

- Definición de lo que es ingesta de café (120 mililitro o 4-oz de café no descafeinado al día) y el grupo no expuesto. Los expuestos se clasificaron según la cuantía de café en 4 grupos: 4-8 oz./día (1° grupo), 12-16 oz./día (2° grupo), 20 oz./día (3° grupo) y 28 o más oz./día (4° grupo).

- Diseño: estudio de cohortes prospectivo longitudinal, con una cohorte expuesta a la ingesta de café y otra no expuesta.

- Tamaño muestral: hecho en falta el cálculo del tamaño muestral que debía haberse realizado, sobre todo al tratarse de un estudio tan largo, arduo y difícil de llevar, en el cual un tamaño muestral inadecuado hubiera llevado al lastre y a la desesperación de los investigadores en caso de no haber encontrado relación entre las variables. No sabemos si es que se hizo y no se expone o es que en realidad como sabían que el tamaño muestral era tan grande no consideraron que fueran a tener problemas con los resultados.

- Análisis estadístico: emplearon tasas de incidencias por persona y año para establecer como iba apareciendo los casos de Parkinson. Se aporta una primera tabla muy bien realizada, donde se expone la tasa de incidencia de Parkinson ajustada y sin ajustar a la edad en distintos periodos de investigación, aportando los intervalos de confianza correspondientes según el grado de ingesta de café y la significación estadística frente a la cohorte no expuesta. También se empleó para demostrar el efecto independiente de la ingesta de café sobre el desarrollo de la enfermedad de Parkinson un modelo de regresión logística con estratificación y ajuste de variables como la edad, consumo de cigarrillos, variables nutricionales y físicas evaluaron el efecto del café. La fuerza de asociación entre la exposición y el efecto se expresa mediante la densidad de incidencia y sus intervalos de confianza al 95 %.

➢ Paquete informático para el análisis estadístico: imaginamos utilizaron un programa informático, para el cálculo de los resultados, pero no se especifica.

➢ Variables. Definidas muy bien, destacando la variable ingesta de café que fue valorada como nominal ordinal en unos análisis y en otro como cuantitativa expresada en intervalos.

RESULTADOS

➢ Valoración general: El riesgo de desarrollar enfermedad de Parkinson, habiendo estado expuesto al consumo de café fue significativamente menor que en quienes no lo consumían, es decir, no expuestos a la variable de exposición. La incidencia del enfermedad de Parkinson en los no expuestos fue de 10,5 casos cada 10000 personas-año. Por el contrario, conforme aumentábamos la cantidad de café ingerida al día el número de casos iba descendiendo de forma estadísticamente significativa; para lo que consumían menos (4-8 oz./día) fue de 5,5 casos cada 10000 personas-año; para los que consumían de 12 a 16 oz./día bajaba de forma estadísticamente significativa a 4,7; para los que el consumo era de entre 20 y 24 oz./día bajaba aún más a 3,6 y si ya el consumo era mayor o igual a 28 oz./ día era de 1,7 casos cada 10000 personas-año. Estas estimaciones se mantuvieron prácticamente iguales al ajustarlas por la edad, como se pone de manifiesto en la tabla 1. Al ajustar por el hábito tabáquico, también se seguía demostrando la significación estadística, demostrándose que los no expuestos al café presentaban mayor probabilidad de desarrollar esta enfermedad durante el seguimiento, tal como se expone en la gráfica o figura 1. Existe además otra tabla (tabla 2) donde se expone la tasa de incidencia acumulada de enfermedad de Parkinson ajustada y no ajustada a la edad, tomando la variable de ingesta de café como una variable cuantitativa clasificada en varios rangos, obteniéndose resultados similares.

➤ Los autores exponen también la evolución histórica en forma de gráficos de incidencia acumulada (figura 2) de cómo los casos de enfermedad de Parkinson iban apareciendo.

➤ Se reflejan los resultados más relevantes y significativos del estudios ajustando las variables y estratificándolas. La inferencia estadística la obtenían tanto empleando los contrastes de hipótesis como los intervalos de confianza al 95 %.

➤ El orden de exposición de los datos se realiza de forma lógica y ordenada.

➤ Esta sección es muy rica en gráficos y tablas, las cuales complementan el texto, no siendo repetitivas del contenido del artículo.

➤ Se expresa en pasado y de una forma estrictamente descriptiva, sin entrar en aspectos interpretativos.

DISCUSIÓN

➤ Contenido: bastante bueno. Demuestran la hipótesis planteada y el objetivo que se marcó en la sección de introducción, que demuestra que existe una clara relación causa-efecto, en el sentido que la ingesta de café ejerce un efecto protector frente al riesgo de desarrollar enfermedad de Parkinson.

➤ Se realiza un buen apoyo por segunda vez en la bibliografía publicada y de forma detallada.

➤ Se hace hincapié en la novedad que aporta este estudio, al haber delimitado la ingesta de café de otras variables confusoras, como era el consumo de tabaco, la edad y al tener un periodo de seguimiento el número de casos que presentaron (efecto).

➤ Reconoce limitaciones de su artículo, pudiendo existir un sesgo de selección, al haber realizado el estudio en un área geográfica muy concreta y con una población de un origen muy definido, donde los resultados obtenidos podrían tener problemas para extrapolarlos a otras poblaciones (disminución de la validez externa del estudio).

➢ Intenta elaborar nueva hipótesis sobre cuales son los posible mecanismos fisiopatológicos responsables del efecto protector de la cafeína frente a la enfermedad de Parkinson.

➢ Reconoce la necesidad de realizar nuevos estudios en otros ámbitos poblacionales para afianzar estos resultados.

➢ El estilo de exposición se aleja del carácter descriptivo hallado en la sección de resultados y aboga por un carácter argumentativo y autocrítico.

REFERENCIAS BIBLIOGRÁFICAS

➢ Número: adecuado.

➢ Carente de actualidad: sólo 11 de las 31 referencias bibliográficas pertenecen a los 5 años últimos previos. Equivale sólo a un 33 % del total.

➢ Están bien redactadas de acuerdo a las normas de Vancouver.

REFERENCIAS BIBLIOGRÁFICAS

Rodríguez Burgos R.. Metodología de investigación y escritura científica en clínica. 3ª ed. Granada: Escuela de Andaluza de Salud Pública; 2005.

Greenhalgh T. Cómo interpretar un artículo médico. Fundamentos de la medicina basada evidencia. 1ª ed. BMJ Publishing Group; 2000.

Laporte J-R. Principios básicos de investigación clínica. 2ª ed. Fundación Instituto Catalán de Farmacología; 2001.

Juez Martel P. Herramientas estadísticas para la investigación en Medicina y Economia de la Salud. 1ª ed. Centro de Estudios Ramón Areces, S.A.; 2000.

CAPÍTULO 6

ANÁLISIS CRÍTICO

DE UN

ARTÍCULO DE

CASOS Y CONTROLES ANIDADO

Fernando M. Jiménez Macías

ANÁLISIS CRÍTICO DEL ARTÍCULO DE CASOS Y CONTROLES ANIDADO

Vineis P, Airoldi L, Veglia F, Olgiati L et al. Environmental tobacco smoke and risk of respiratory cancer and chronic obstructive pulmonary disease in former smokers and never smokers in the EPIC prospective study. BMJ 2005; 330: 277-283.

Se trata de un artículo original publicado en el año 2005 en la revista British Journal of Medicine por el investigador P Vineis. Realizó un estudio de casos y controles anidado en el que pretendió demostrar que humo del tabaco ambiental estaba relacionado con un mayor riesgo de desarrollar cáncer de pulmón.

A continuación vamos a proceder a realizar el último análisis crítico que vamos a exponer:

PARTE PRELIMINAR

TÍTULO

> ➢ Extensión: excesivamente largo, ya que cuenta con 24 palabras. Lo recomendable es que no se supere de 15.

- ➢ Es claro y de fácil comprensión. El lector ya se puede hacer una idea rápida de los que es el estudio.
- ➢ Garantiza el enganche del lector.

AUTORES

- ➢ Bien redactado.
- ➢ Las instituciones sanitarias donde trabajan los investigadores aparece en la parte final de artículo. No es la forma habitual de hacerlo, aunque quizás esta revista lo permite.
- ➢ También al final el investigador principal facilita su e-mail para contactar con él.

RESUMEN

- ➢ Extensión: demasiado larga, ya que contiene 337 palabras, cuando en realidad lo que se recomienda es que no supere de 250.
- ➢ De todas maneras, su exposición es clara, de fácil lectura. Entendible con una interrelación de párrafos buena.
- ➢ Estructura: es buena, aunque tiene la particularidad de subdividir lo que debería ser un párrafo único, como el es el de materiales y métodos, en 3 subapartados distintos, como es el de diseño, participantes y variables.

➤ Permite el enganche del lector. Generalmente cuando esta sección sea leída, generalmente lo va a incitar a realizar la lectura del resto del artículo.

CUERPO DEL ARTÍCULO

INTRODUCCIÓN

➤ Valoración general: buena, aunque el autor podría haber sido un poco más generoso en la exposición, más sabiendo como él propiamente comenta, que existen más de 50 estudios realizados previamente y podía haber entrado en más detalles para introducir mejor al lector en el problema de investigación. Así habría dado más peso aún al interés del estudio.

➤ Nº de referencias bibliográficas: muy escueta. Sólo se hace mención a 4 publicaciones, que es una aportación realmente escasa.

➤ La lectura es clara y breve, pero autoexplicativa.

➤ Problema de investigación: bien expuesto. Los problemas sanitarios que genera el humo del tabaco en el fumador pasivo.

➤ Hipótesis del estudio: relacionar el humo del tabaco como un factor de riesgo para 3 entidades patológicas: cáncer de pulmón, cáncer de vías respiratorias altas y muerte por enfermedad obstructiva crónica (EPOC) o enfisema en el fumador pasivo.

➤ Ventajas de este estudio frente a otros: realizar un estudio que evite sesgos de selección e información al emplear el componente prospectivo de los estudios de casos y controles anidados. Contar con un tamaño muestral como pocos estudios han contado al contar con la base de individuos tan grande como es el de EPIC, un estudio europeo, que contaba con más de 500000 participantes, del cual este estudio obtuvo sus participantes.

MATERIAL Y MÉTODOS

➤ Población: 500000 voluntarios sanos pertenecientes a 10 países europeos de ambos sexos con un rango de edad comprendido entre 35 y 74 años de edad, (Estudio EPIC: European Prospective Investigation into Cancer and Nutrition).

➤ Muestra: 123479 voluntarios sanos de la base de datos de EPIC que nunca habían fumado activamente o si lo habían hecho cuando fueron reclutados había trascurrido más de 10 años.

➤ Instrumentos de medidas: emplearon registros de la base de datos EPIC de distinta índole (historia de exposición al tabaco durante su infancia, lugar y tiempo). Registros de mortalidad y de cáncer. Se detallan como se realizaron y el instrumental empleado para las determinaciones analíticas realizadas para el estudio.

➤ Reclutamiento: realizado durante el periodo comprendido entre 1993 y 1998.

➤ Diseño del estudio: estudio de casos y controles anidados. Se trata de un diseño observacional analítico de casos y controles, que se anida en el contexto de un estudio de cohortes. Hace uso de un estudio previamente diseñado y llevado a cabo de forma prospectiva de cohortes, en el cual se investigan las variables de exposición recogidas al inicio de dicho estudio de cohortes, incluyendo en el estudio de casos y controles anidado, sólo aquellos pacientes que presentaron la variable dependiente o efecto que nos interese, que en este caso era el padecer cualquiera de las 3 incidencias anteriormente reseñadas. La única diferencia que habrá entre los casos y los controles es el haber desarrollado o no el efecto que deseemos estudiar.

Esto va a permitir beneficiarse de los resultados que ese estudio de cohortes haya obtenido, siendo más fácil la recolección de los datos y por tanto, más barato.

➢ Definición de casos y control: correcta. Se consideraron casos, aquellos individuos no fumadores o que si lo habían sido, lo habían dejado hacia más de 10 años procedentes del estudio EPIC y que habían presentado un cáncer de pulmón, vías respiratorias altas o muerte por EPOC o enfisema. Contaron con un total de 131 casos. Como controles contaron con un total de 286 individuos. Fueron definidos como controles aquellos individuos del estudio EPIC, que no habían fumado o si lo habían hecho lo habían abandonado hacia más de 10 años de reclutarse para el estudio y que no hubieran desarrollado en el estudio ninguno de estas entidades patológicas.

➢ Variables estadísticas: son nombradas con detalle, aunque no se especifica si eran cualitativas o cuantitativas.

➢ Test estadísticos: modelo de regresión de Cox, que permite estudiar el efecto de un conjunto de variables explicativas sobre la función de riesgo de aparecer la variable dependiente o efecto. También el cálculo de la odds ratio con sus intervalos de confianza al 95 %. Una vez realizada la estratificación de las variables confusoras, aplicar el test de regresión logística multivariante.

➢ Pérdidas: no se han producido al ser un estudio descriptivo y no experimental.

➢ Programa informático para los test estadísticos: se especifica.

➢ Consideraciones éticas: no se especifica nada sobre las medidas éticas de protección de datos y confidencialidad.

RESULTADOS

➢ Valoración general: existe un apoyo excesivo en los datos de las tablas, con un contenido del texto de esta sección que cuesta su entendimiento. Hay que mostrar bastante atención al leerlo, pues de lo contrario puedes perderte.

➢ Los intervalos de confianza llama la atención que incluyen en muchos de ellos el 1, con un rango inferior de este intervalo que con excesiva frecuencia comienza por 0,..

➤ Efectivamente el estilo es descriptivo y se escribe en pasado. No entra en valoraciones subjetivas o interpretativas.

➤ Las tablas son muy expresivas, son las que dan base sobre todo a esta sección. Sin ellas, esta sección se vendría abajo. Es nutrido su número con un total de 4.

➤ Se hecha de menos la presencia de gráficos que hubieran ayudado a una mejor y heterogénea exposición de los resultados.

➤ En este caso las tablas no son las que complementan el texto, sino es el texto el que realmente las complementan. Es demasiado el peso de las tablas sobre el texto y no suele ser habitual esto en la literatura médico.

DISCUSIÓN

➤ Objetivo e hipótesis: se cumple el objetivo y se verifica la hipótesis de relación causal que se planteó al inicio del estudio en la introducción.

➤ Aportaciones o novedad del estudio: avalan estudios llevados a cabo previamente, pero esta vez con un tamaño muestral muy bueno, con un buen control de las variables confusoras y aportando datos analíticos tales como la concentración de nicotina.

➢ Genera futuras hipótesis: cuidar este potencial riesgo frente a los niños, que muchas veces conviven con fumadores activos.

➢ Estilo argumentativo claro con una buena interrelación de párrafos de forma lógica, que contrasta con el estilo descriptivo en pasado de la sección de resultados.

➢ Existe un párrafo definido sobre las conclusiones.

➢ Muy poco apoyo en la bibliografía de lo que solemos encontrar en la sección de discusión.

REFERENCIAS BIBLIOGRÁFICAS:

➢ Nº de referencias bibliográficas: escasas. Sólo se aportan 15, cuando lo que se recomienda es que al menos se mencionen 30. Y más si se tiene en cuenta que autor hace mención en la sección de introducción de que el número de artículos de similares característica a éste publicados anteriormente fue de más de 50.

➢ Actualizadas: escasamente. Sólo se disponen de 7 referencias bibliográficas publicadas en los 5 años

previos al momento de la publicación (2005) de
este artículo.

➢ Bien realizadas, respetándose las normas de
Vancouver requeridas.

REFERENCIAS BIBLIOGRÁFICAS

Rodríguez Burgos R.. Metodología de investigación y escritura científica
en clínica. 3ª ed. Granada: Escuela de Andaluza de Salud Pública;
2005.

Greenhalgh T. Cómo interpretar un artículo médico. Fundamentos de la
medicina basada evidencia. 1ª ed. BMJ Publishing Group; 2000.

Laporte J-R. Principios básicos de investigación clínica. 2ª ed. Fundación
Instituto Catalán de Farmacología; 2001.

Juez Martel P. Herramientas estadísticas para la investigación en Medicina
y Economia de la Salud. 1ª ed. Centro de Estudios Ramón Areces,
S.A.; 2000.

www.ingramcontent.com/pod-product-compliance
Lightning Source LLC
Chambersburg PA
CBHW022108170526
45157CB00004B/1529